科学探秘
培养儿童科学基础素养

U0166277

了解月球
月亮月亮，什么是月亮

温会会 / 文　曾平 / 绘

浙江摄影出版社

全国百佳图书出版单位

有一天晚上，三只小猪在玩捉迷藏。
瞧，老大和老二躲起来了，老三在寻找。

一大早，老三一推开大门就傻眼了！

"哎呀，"老三叫道。

"老三，你没事吧？"老大问。

"嗯，今天的天气太冷了点吧？"老二说。

"是呀，月亮去哪儿了呢？"老三说。
"圆圆的月亮，快出来吧！"老二说。
"不对，月亮明明长得像扇子！"老大说。
老大和老二争论起来，互不相让。

第二天傍晚，太阳落山了。

三只小猪来到山坡上，迎接月亮的出现。它们惊讶地发现，月亮既不是圆圆的，也不像扇子，而是镰刀的形状！

"奇怪，圆圆的月亮去哪里了？"老二说。

"像扇子一样的月亮在哪里呢？"老大说。

小猪们十分好奇，他们决定每天晚上都一起观察月亮。

月亮有时是圆圆的

母亲，月亮就是一弯色弯你！

有时之是最亮的

有时看不图的

三只小猪坐在山坡上，议论着月亮。

"每天出来的月亮，长得都不一样。"老大说。

"对啊，这是为什么呢？"老二说。

"难道，天上的月亮真的有很多个？"老三说。

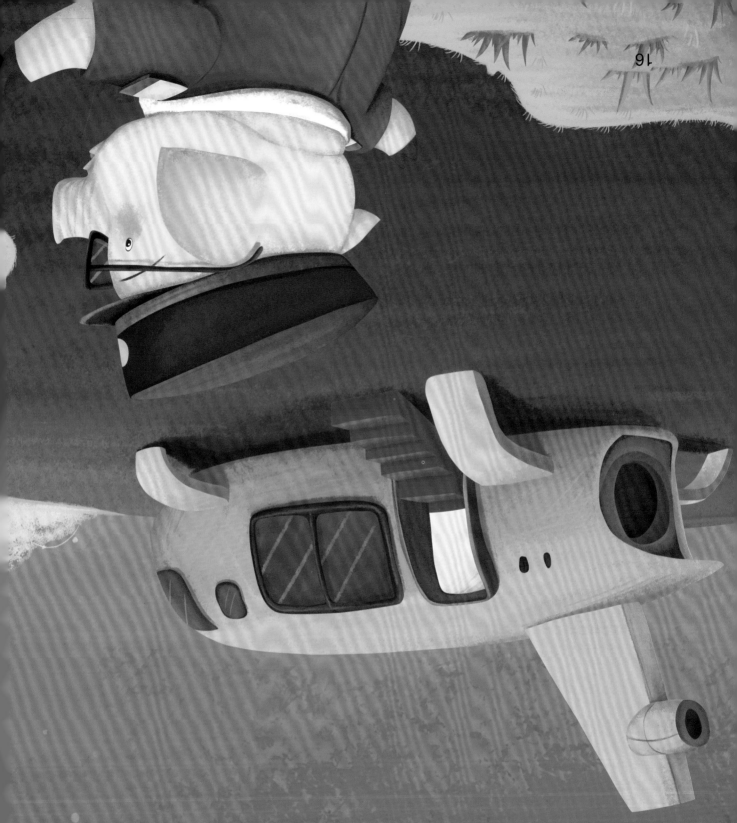

三只小猪仔细地问问题的答案，于是，他们准备乘

宇宙飞船，他们又会有一棵发现呢！

"月亮，月亮，月亮究竟是什么模样的？"三只

小猪嘀咕着。

　　宇宙飞船离月亮越来越近，小猪们被眼前的景象惊呆了！

　　"原来，月亮这么大啊！"老大说。

　　"而且，月亮只有一个！"老二说。

　　"对，而且月亮的形状确实是圆圆的。"老三说。

三只小猪还有许多新的发现。

第一说，
"月亮上，只有被大阳照到的地方才会发亮。"

第二说，
"没错，大阳照不到的地方都是黑漆漆的。"

第三说，
"从地球上看，我们只能看到月亮的亮的部分。"

老三好奇地问："为什么月亮的形状每天都在变呢？"

带着疑问，三只小猪睁大眼睛，认真地思考。

可是，他们想了好久，都想不出答案。

时候不早了，小猪们乘坐宇宙飞船，开始返回地球。

途中，老三回头一看，激动地说："看，月亮好像在动！"

老二点点头说："是啊，月亮绕着地球在转呢！"

老大拍了拍脑袋，笑着说："我知道月亮变化的秘密了！"

　　它拿出一张纸，画出地球、月亮和太阳的位置，讲解道："月亮自己会旋转，同时它还绕着地球转，在不同的位置，月亮能够被太阳照到的部分不同，我们在地球上所看到的月亮也就长得不一样。"

　　"哇，月亮的变化真有趣！"老二和老三笑着说。

责任编辑　序 一
文字编辑　张伟
责任校对　朱晓波
责任印制　沈立蓬

封面设计　北京国韵

图书在版编目（CIP）数据

了解月球：月亮月亮，什么是月亮／漫画名绘文；
　—杭州：浙江摄影出版社，2022.8
（科学探秘·揭秘儿童科学全能课系）
ISBN 978-7-5514-4034-9

I．①了… II．①漫… ②蓉… III．①月球—儿童读
物 IV．① P184-49

中国版本图书馆 CIP 数据核字（2022）第 126207 号

LIAOJIE YUEQIU：YUELIANG YUELIANG SHENME SHI YUELIANG
了解月球：月亮月亮，什么是月亮
（科学探秘·揭秘儿童科学全能课系）

漫画名／文　蓉平／绘

全国各地图书出版单位
浙江摄影出版社出版发行
地址：杭州市体育场路 347 号
邮编：310006
电话：0571-85151082
图址：www.photo.zjcb.com
制版：北京东视国文传媒有限公司
印刷：唐山玺诚印务有限公司
开本：889mm×1194mm　1/16
印张：2
2022 年 8 月第 1 版　2022 年 8 月第 1 次印刷
ISBN 978-7-5514-4034-9
定价：39.80 元